"十三五"水体污染控制与治理科技重大专项重点图书

饮用水嗅味控制与管理技术指南

杨　敏　于建伟　苏　命　等　著

中国建筑工业出版社

图书在版编目（CIP）数据

饮用水嗅味控制与管理技术指南 / 杨敏等著. — 北京：中国建筑工业出版社，2022.9

"十三五"水体污染控制与治理科技重大专项重点图书

ISBN 978-7-112-27796-4

Ⅰ. ①饮… Ⅱ. ①杨… Ⅲ. ①饮用水－气味－水质控制－指南 Ⅳ. ①TU991.2-62

中国版本图书馆 CIP 数据核字(2022)第 154215 号

责任编辑：于　莉　杜　洁
责任校对：李美娜

"十三五"水体污染控制与治理科技重大专项重点图书
饮用水嗅味控制与管理技术指南
杨　敏　于建伟　苏　命　等　著

*

中国建筑工业出版社出版、发行（北京海淀三里河路 9 号）
各地新华书店、建筑书店经销
北京红光制版公司制版
河北鹏润印刷有限公司印刷

*

开本：850 毫米×1168 毫米　1/32　印张：2¼　字数：59 千字
2022 年 9 月第一版　2022 年 9 月第一次印刷
定价：**28.00** 元
ISBN 978-7-112-27796-4
(39885)

"十三五"水体污染控制与治理科技重大专项重点图书

（饮用水安全保障主题成果）

编　委　会

前　　言

嗅味是饮用水处理和水质管理中的一项关键水质指标。为有效应对我国日益突出的饮用水嗅味问题，指导供水行业有效开展工艺优化和水质管理，编制本指南。

本指南包括适用范围、规范性引用文件、术语和定义、嗅味分类与来源、嗅味检测与诊断、嗅味控制、嗅味风险管理及附录，系统总结了国家水体污染控制与治理科技重大专项饮用水嗅味识别与控制研究的成果，并吸纳了国内外供水行业在嗅味应对方面的经验。在指南编制过程中，编制组反复征求了行业专家意见，并根据专家的意见对具体内容进行了多次修改，确保本指南不仅能总体上反映饮用水嗅味研究的国际先进水平，而且具有良好的实操性。

本指南负责起草单位：中国科学院生态环境研究中心。

本指南参加起草单位：上海城市水资源开发利用国家工程中心有限公司、山东省城市供排水水质监测中心、上海城投原水有限公司、深圳市水务（集团）有限公司、中国城市规划设计研究院、珠海市供水有限公司、北京建筑大学、盐城工学院、前石标准技术服务（苏州）有限公司。

本指南审查单位：住房和城乡建设部科技与产业化发展中心。

本指南主要起草人：杨敏、于建伟、苏命、贾瑞宝、夏萍、朱宜平、王春苗、郭庆园、韩晓波、桂萍、苏宇亮、张君枝、王峥、宋一超、辛晓东、冼峰、吴斌、荣超、卢宁、王齐。

本指南主要审查人：侯立安、张晓健、顾军农、崔福义、田永英、任海静、顾玉亮、郗燕秋、韩宏大、李星、翁晓姚、韩伟、邬晓梅、叶必雄、王蔚蔚。

本指南由住房和城乡建设部水专项实施管理办公室负责管理，由中国科学院生态环境研究中心负责具体技术内容解释。请各单位在使用过程中，总结实践经验，提出意见和建议。

目　　次

1 适 用 范 围

本指南适用于饮用水嗅味的应对，包括嗅味原因判定、嗅味物质检测、嗅味控制及水质管理等内容。

本指南不适用于采用氯、氯胺等进行消毒时产生的嗅味的应对。

2 规范性引用文件

本指南内容引用了下列文件中的条款。凡未注明发布年份的引用文件，其有效版本适用于本指南。

《生活饮用水卫生标准》GB 5749

《生活饮用水标准检验方法》GB/T 5750

《城市供水水质标准》CJ/T 206

《城镇供水水质标准检验方法》CJ/T 141

《水和废水监测分析方法（第四版)》国家环保总局（2002 年）

3 术语和定义

下列术语和定义适用于本指南。

3.0.1　嗅味　odor

经由人的鼻子所能闻测到的嗅觉异味（异嗅味），是水中某些化学物质对人的嗅觉末梢神经刺激所产生的一种综合感觉。

3.0.2　嗅味物质　odor causing compounds 或 odorants

导致饮用水产生嗅味的化学物质。

3.0.3　土霉味　musty/earthy odor

由丝状蓝藻或放线菌的代谢产物所致的水体嗅味，其嗅味特征的描述类型包括土味、淤泥味、霉味和发霉味等。

3.0.4　腐败味　septic odor

主要由有机物厌氧腐败产物所致的水体嗅味，其嗅味特征的描述类型包括沼泽味、烂菜味、臭水味、污水味等。

3.0.5　鱼腥味　fishy odor

主要由部分真核藻类代谢产物所致的水体嗅味，其嗅味特征的描述类型包括鱼腥味、鱼肝油味、鲜鱼味、藻腥味、腥味等。部分胺类物质也可导致类似嗅味。

3.0.6　化学品味　chemical odor

主要由一些人工合成化学物质所致的水体嗅味，其嗅味特征的描述类型包括溶剂味、塑料味、化学品味、胶水味、石油味等。

3.0.7　药味　medical odor

主要由一些氯酚类、溴酚类、碘仿类所致的水体嗅味，其嗅味特征的描述类型包括药水味、酚味等。

3.0.8　嗅觉层次分析　flavor profile analysis

测试人员依据标准方法对水中嗅味特征（包括嗅味类型和强

3

度）进行嗅觉描述的过程。

3.0.9 嗅味重构　odor reconstitution

以无嗅水为基质，按照一定浓度组成加入嗅味物质进行复配，采用嗅觉层次分析法比较复配样品与实际水样的嗅味特征，确定各种嗅味物质对于水中嗅味贡献的过程。

3.0.10 嗅味活性值　odor activity value

嗅味物质浓度与其嗅阈值之比，用于表征该嗅味物质对样品整体嗅味的贡献大小。

3.0.11 产嗅藻　odor producing algae

在生长过程中可以代谢产生嗅味物质的藻类。

3.0.12 藻源嗅味物质　algal odor compounds

产嗅藻生长过程中代谢产生的嗅味物质，主要包括 2-甲基异莰醇、土臭素、反，顺-2,4-癸二烯醛等不饱和烯醛以及庚醛、β-环柠檬醛等。

3.0.13 活性炭微孔孔容　micropore volume of activated carbon

单位质量活性炭中所包含的微孔(孔径小于 2nm)容积(cm^3/g)。

3.0.14 嗅阈值　odor threshold value

人能感知的最低嗅味物质浓度（或稀释倍数）。

4 嗅味分类与来源

4.1 嗅味分类

4.1.1 水中主要嗅味类型可分为土霉味、鱼腥味、草味、芳香味、腐败味、药味、化学品味及氯味（臭氧味），共8类。具体分类及典型嗅味物质可参见表4.1.1。

4.1.2 我国饮用水中常见的典型嗅味物质参见附录A。

水中嗅味分类及典型嗅味物质 表4.1.1

编号	嗅味分类	典型嗅味物质			嗅味类型	嗅阈值（μg/L）	嗅味来源
		中文名称	英文名称	CAS号			
1	土霉味	土臭素	geosmin	19700-21-1	土味	0.004	天然源嗅味（主要与藻类等微生物的生长代谢有关）
2		2-甲基异莰醇	2-methylisoborneol	2371-42-8	霉味/土霉味	0.01	
3		2-异丙基-3-甲氧基吡嗪	2-isopropyl-3-methoxy pyrazine	25773-40-4	土味/土霉味	0.007	
4		2-异丁基-3-甲氧基吡嗪	2-isobutyl-3-methoxy pyrazine	24863-00-9	土味/土霉味	0.002	
5		2,4,6-三氯苯甲醚	2,4,6-trichloroanisole	87-40-1	霉味/软木塞味	0.002	

编号	嗅味分类	典型嗅味物质 中文名称	典型嗅味物质 英文名称	CAS号	嗅味类型	嗅阈值 (μg/L)	嗅味来源
6	鱼腥味	反,顺-2,4-癸二烯醛	trans,cis-2,4-decadienal	2363-88-4	鱼腥味/油脂味/鱼肝油味	0.029	天然源嗅味（主要与藻类等微生物的生长代谢有关）
7		反,顺,顺-2,4,7-癸三烯醛	trans,cis,cis-2,4,7-decatrienal	43108-49-2	鱼腥味/油脂味/鱼肝油味	1.5	
8		庚醛	heptanal	111-71-7	鱼腥味/油脂味/鱼肝油味	3	
9		丁酸	butyric acid	107-92-6	馊味/馊鱼味/酸臭味	240	
10		戊酸	valeric acid	109-52-4	馊味/馊鱼味/酸臭味	3000	
11		异戊酸	isovaleric acid	503-74-2	馊味/馊鱼味/酸臭味	120～700	
12	草味	顺-3-己烯-乙酸酯	cis-3-hexenyl-acetate	3681-71-8	鲜草味	2.0	
13		顺-3-己烯-1醇	cis-3-hexene-1-alcohol	928-96-1	菜味/卷心菜味	0.07～70	
14		正己醛	hexanal	66-25-1	干草味/木材味	0.3～14	
15		β-环柠檬醛	β-cyclocitral	432-25-7	烟草味/木材味	19.3	

编号	嗅味分类	典型嗅味物质 中文名称	典型嗅味物质 英文名称	CAS号	嗅味类型	嗅味阈值（μg/L）	嗅味来源
16	芳香味	紫罗兰酮	ionone	79-77-6	花香味	0.007	天然源嗅味（主要与藻类等微生物的生长代谢有关）
17		癸醛	decanal	112-31-2	水果味/橙子味	0.8	
18		反-2-顺-6-壬二烯醛	trans-2-cis-6-nonadienal	557-48-2	黄瓜味	0.08	
19		佳乐麝香（HHCB）	galaxolide (HHCB)	1222-05-5	麝香味/花香味	0.03	
20		叶纳麝香（AHTN）	tonalide (AHTN)	21145-77-7	麝香味/花香味	n. a.	
21		硫化氢	hydrogen sulfide	7783-06-4	臭鸡蛋味	1.1	微生物转化导致的嗅味
22	腐败味	甲硫醇	methanethiol	74-93-1	腐败味/沼泽味/烂菜味/臭水味/污水味	2.1	
23		二甲基硫醚	dimethyl sulfide	75-18-3	腐败味/沼泽味/烂菜味/臭水味/污水味	1	
24		二甲基二硫醚	dimethyl disulfide	624-92-0	腐败味/沼泽味/烂菜味/臭水味/污水味	0.03	
25		二乙基二硫醚	diethyl disulfide	110-81-6	腐败味/沼泽味/烂菜味/臭水味/污水味	0.02	

编号	嗅味分类	典型嗅味物质 中文名称	英文名称	CAS号	嗅味类型	嗅阈值(μg/L)	嗅味来源
26		二甲基三硫醚	dimethyl trisulfide	3658-80-8	腐败味/沼泽味/烂菜味/臭水味/污水味	0.01	微生物转化导致的嗅味
27		异丙基硫醚	isopropyl sulfide	625-80-9	腐败味/沼泽味/烂菜味/臭水味/污水味	0.035	
28	腐败味	丙基硫醚	dipropyl sulfide	111-47-7	腐败味/沼泽味/烂菜味/臭水味/污水味	0.04	
29		吲哚	indole	120-72-9	粪臭味/花香味（高/低浓度）	0.1～300	
30		3-甲基吲哚	3-metlylindole	83-34-1	粪臭味/花香味（高/低浓度）	1	
31		五氯酚	pentachlorophenol	87-86-5	药水味/氯酚味	23	工业或人为污染源嗅味
32	药味	三氯酚	trichlorophenol	95-95-4	药水味/氯酚味	350	
33		2-溴酚	2-bromophenol	95-56-7	药味	0.03	
34		2,6-二溴酚	2,6-dibromophenol	608-33-3	药味	0.0005	
35		碘仿	iodoform	75-47-8	药味	0.02～0.032	

编号	嗅味分类	典型嗅味物质		CAS号	嗅味类型	嗅阈值 (μg/L)	嗅味来源
		中文名称	英文名称				
36	化学品味	乙基叔丁基醚	ethyl tert-butyl ether	637-92-3	溶剂味	1~2	工业或人为污染源嗅味
37		甲基叔丁基醚	methyl tert-butyl ether	1634-04-4	溶剂味	15	
38		甲基丙烯酸甲酯	methylmethacrylate	80-62-6	溶剂味	n. a.	
39		4-甲基-2,6-二叔丁基苯酚	4-methyl-2,6-di-tert-butylphenol	128-37-0	塑料味	n. a.	
40		2-乙基-4-甲基-1,3-二氧戊环	2-ethyl-4-methyl-1,3-dioxolane	4359-46-0	溶剂味/甜味	0.005~0.884	
41		2-乙基-5,5-二甲基-1,3-二氧六环	2-ethyl-5,5-dimethyl-1,3-dioxane	768-58-1	溶剂味/甜味	0.010	
42		2,5,5-三甲基-1,3-二氧六环	2,5,5-trimethyl-1,3-dioxane	766-33-6	溶剂味/甜味	0.010	
43		汽油	gasoline	—	石油味	—	
44		双环戊二烯	dicyclopentadiene	77-73-6	樟脑味	0.01~0.25	
45		双（2-氯-1-甲基乙基）醚	bis(2-chloro-1-methylethyl)ether	108-60-1	溶剂味/甜味	0.197	
46	氯味（臭氧味）	游离氯	free chlorine residual	—	氯味/游泳池味	150	水处理过程或药剂残留导致的嗅味
47		一氯胺	monochloramine	10599-90-3	氯味/游泳池味	650	
48		二氯胺	dichloramine	3400-09-7	氯味/游泳池味	150	
49		N-氯代醛亚胺	n-chloroaldimines	—	氯味/游泳池味	—	
50		水中溶解臭氧	ozone dissolved in water	—	臭氧味	10	

4.2 嗅 味 来 源

4.2.1 饮用水嗅味主要来自水源，多与藻类等微生物的生长代谢或水源污染有关，具体可参考表4.1.1。

4.2.2 藻类、放线菌等生长代谢过程中可产生导致土霉味、鱼腥味、青草味和芳香味等嗅味的物质。

4.2.3 沼泽味、腐败味等嗅味多与缺氧/厌氧条件下生物质等有机质的生物转化有关。

4.2.4 化学品味等嗅味主要与废水排放、化学品泄漏等过程有关。

4.2.5 药味、氯味等嗅味多与制水或输配过程中水处理药剂、管材的使用以及副产物的生成有关。

5 嗅味检测与诊断

5.1 样品采集

5.1.1 一般规定

1 应用玻璃瓶采集水样，棕色玻璃瓶为宜，采集时应注满容器，上部不留空间。样品采集后应在 4h 内进行冷藏保存，或保存在装有冰袋的冷藏箱内。

2 日常嗅味检测应每日至少采集一次样品，用于嗅味感官评价。

3 饮用水出现嗅味问题时应及时采集样品，用于嗅味感官评价、嗅味物质分析和鉴定；出现嗅味问题投诉时，应根据自来水嗅味类型及用户投诉的分布特征，针对性地对供水区域原水、出厂水、管网水和龙头水进行采集，直至嗅味问题解决。

4 应确保采样全过程记录完整、清晰，除样品的相关信息外，还应详细记录采样人员、时间、地点、经纬度、水温、气温、现场嗅味描述等。

5.1.2 饮用水样品的采集

1 饮用水样品采集后，应立即进行脱氯处理，脱氯剂宜采用抗坏血酸。

2 采集的样品应具有代表性。采集管网水样品时，采样前应对管线进行冲洗；采集龙头水样品时，应将滤网等取下。

5.1.3 水源水样品的采集

1 应考虑采集不同点位和不同水深的样品，湖库水源应同时采集相应的藻类样品。

2 藻类样品应根据目的分别采集：用于藻细胞计数的样品，可直接采集水样，现场加 5％鲁戈氏液或福尔马林固定；用于藻种分析鉴定的样品，可用 25 号浮游生物网（孔径 0.064mm）富集采样后，转移至透气培养瓶中，宜在 48h 内完成藻种的鉴定。

5.2　嗅味感官评价

5.2.1　一般规定

1　饮用水日常嗅味检测可采用嗅气和尝味法或嗅觉层次分析法进行嗅味感官评价。样品采集后应在 24h 内完成嗅味感官评价。

2　当饮用水出现嗅味问题时，应采用嗅觉层次分析法对水中嗅味类型和强度进行描述，同时应对主要嗅味物质进行仪器检测。

3　对于嗅味物质嗅阈值的测定，可采用强制性选择三角测试法（附录 B）。

5.2.2　嗅觉层次分析法

1　可用于日常的水质检验和管理，对水中嗅味进行嗅味类型和强度的测定。

2　评价小组由经过培训的检验人员组成，小组成员按照操作程序，在 45℃水浴下各自完成对样品的闻测，给出嗅味类型和强度。嗅味类型描述可参考表 4.1.1，嗅味强度采用七个等级表述（无到很强），评价小组的共识值作为评价结果。

5.2.3　强制性选择三角测试法

设置六个浓度梯度，每个浓度梯度设置三个样品，其中两个为相同的无嗅味样品，一个为有嗅味物质的样品，在 45℃水浴温度下闻测，并选出有嗅味物质的样品。

5.3　嗅味物质检测

5.3.1　一般规定

可采用固相微萃取结合气相色谱/质谱的方法对各种嗅味物质进行检测，有条件时可采用气相色谱/串联质谱分析。样品采集后宜在 24h 内完成嗅味物质分析。

5.3.2　典型嗅味物质分析

不同类型嗅味物质的固相微萃取-气相色谱/质谱分析条件，可参考表5.3.2。

饮用水中典型嗅味物质的固相微萃取-
气相色谱/质谱分析方法参数　　　　　表5.3.2

嗅味类型	典型嗅味物质	萃取头规格	色谱柱	分析条件
土霉味	2-甲基异莰醇、土臭素、2-异丙基-3-甲氧基吡嗪、2-异丁基-3-甲氧基吡嗪和2,4,6-三氯茴香醚	DVB/Carboxen/PDMS；PDMS/DVB	HP-5ms或同等类别	《城镇供水水质标准检验方法》CJ/T 141
腐败味	硫醚、硫醇等含硫有机物	85μm CAR/PDMS	HP-5ms或同等类别	附录C.1
鱼腥味、草味	己醛、2-辛烯醛、壬醛、2,6-壬二烯醛、2,4-癸二烯醛、庚醛、2,4-庚二烯醛、苯甲醛、β-环柠檬醛等	85μm CAR/PDMS	DB-WAX或同等类别	附录C.2
化学品味	双（2-氯-1-甲基乙基）醚、2-乙基-4-甲基-1,3-二氧戊环、2,5,5-三甲基-1,3-二氧六环和2-乙基-5,5-二甲基-1,3-二氧六环	85μm CAR/PDMS	VF-624ms或同等类别	附录C.3

5.3.3　100种嗅味物质的高通量分析

可采用气相色谱-三重四极杆串联质谱（GC-MS/MS），对水中100种嗅味物质进行同时定量分析。前处理可采用液液萃取或固相微萃取的方法，分析条件详见附录C.4，应用时可根据实际条件和目标参考建立相关嗅味物质的分析方法。

5.4 嗅味诊断

5.4.1 藻源嗅味诊断

1 湖库水源发生嗅味问题时，多与藻类的增殖有关。应首先开展样品的感官诊断，根据嗅味类型定量检测目标嗅味物质，并对主要藻种进行鉴定和定量。有条件时可利用定量 PCR 技术开展致嗅基因检测。

2 对于产嗅藻的鉴定，可通过藻种与嗅味物质监测数据的关联分析加以判别，有条件时可结合藻种分离等方式进行精准鉴别。

3 藻种鉴定和计数方法可参考附录 D.1。

4 当嗅味物质为 2-甲基异莰醇或土臭素时，可利用定量 PCR 方法检测致嗅基因丰度，用于嗅味产生潜力的预测（可大约提前一周），检测方法参考附录 D.1。

5 产嗅藻的判断：若具有较为完整的嗅味物质和藻类监测数据，可通过对嗅味物质与不同藻种生物量的统计分析判别主要产嗅藻。具体方法参考附录 D.2。

6 产嗅藻的精准鉴定：可采用藻种分离和培养、结合嗅味物质的检测等手段对产嗅藻进行精准鉴定。

1）藻种分离可采用毛细管分离法、稀释分离法等，具体方法参考附录 D.1。

2）藻种培养可在光照培养箱中进行，根据不同的藻种选择合适的培养基，并选定相应的光照、温度和湿度等条件。

3）在分离得到相关藻种的基础上，对培养过程中产生的嗅味物质进行检测，确定其是否为产嗅藻。

7 主要产嗅藻：典型产嗅藻及其产生的主要嗅味物质可参考表 5.4.1。有关产嗅藻的特征等详细介绍参考附录 D.3。

典型产嗅藻及其产生的主要嗅味物质① 表 5.4.1

典型产嗅藻	产生的主要嗅味物质		
	2-甲基异莰醇	土臭素	其他嗅味物质
颤藻	+	+	
席藻	+	+	
拟浮丝藻	+		
浮丝藻	+		
假鱼腥藻	+		
鞘丝藻	+		
细鞘丝藻	+		
长孢藻②		+	
鱼腥藻		+	
束丝藻		+	
锥囊藻			己醛、壬醛、2,6-壬二烯醛、2,4-癸二烯醛、2,4-庚二烯醛等醛酮类嗅味物质，多与鱼腥味相关
黄群藻			
辐尾藻			
棕鞭藻			
鱼鳞藻			
隐藻			
微囊藻			β-环柠檬醛、β-紫罗兰酮等

① 此表中仅列出主要致嗅物质，对于报道数据较少的致嗅物质未列出；

② 原归入鱼腥藻属。

5.4.2 复杂嗅味诊断

1 可通过嗅味特征评价、嗅味物质筛查、嗅味贡献评估、嗅味重构等过程对复杂嗅味进行诊断。

2 嗅味特征评价：嗅味评价小组应采用嗅觉层次分析法，首先对样品的嗅味特征进行评价，确定主要嗅味类型和强度。

3 嗅味物质筛查：可依据附录 C.4 中的多离子反应监测方法，利用气相色谱/串联质谱对嗅味物质进行高通量分析；当条件不具备时，也可利用气相色谱/质谱对可能的嗅味物质进行分析，筛查出可能的嗅味物质。

4 嗅味贡献评估：评价不同嗅味物质对于样品整体嗅味的贡献度。可参考如下步骤：

1）对于确定的嗅味物质，进一步建立定量分析方法，检测水中的浓度。

2）计算嗅味活性值（OAV）。计算公式为：嗅味活性值＝嗅味物质浓度（C）/嗅味物质嗅阈浓度（OTC），常见嗅味物质嗅阈浓度见表 4.1.1，或可采用强制性选择三角测试法确定（详见附录 B）。OAV≥1 表示该嗅味物质可能为对样品整体嗅味有较大贡献的物质，OAV 值越大表明对样品整体嗅味的贡献越大。

5 嗅味重构：以超纯水或样品无嗅水（活性炭过滤）为基质，按照水中嗅味物质的浓度分类加入进行复配；采用嗅觉层次分析法评价复配样品的嗅味特征，并与实际样品进行比较，确认主要嗅味物质及其贡献。

6 未知嗅味物质的鉴定：可采用感官评价与化学分析相结合的方法，通过感官气相色谱分析（Sensory Gas Chromatography，SGC）或感官气相色谱与全二维气相色谱/质谱联用，对水中的嗅味物质进行筛查和识别。附录 E 给出了感官气相色谱与全二维气相色谱联用的识别方法，有仪器条件时可依此进行。在此基础上，参照上述步骤，进一步进行嗅味贡献评估和嗅味物质的确认。

6 嗅 味 控 制

6.1 一 般 规 定

6.1.1 嗅味控制的主要措施包括水源调控、粉末活性炭吸附、预氧化、颗粒活性炭吸附、臭氧-生物活性炭深度处理等。

6.1.2 针对湖库水源藻源性嗅味问题，在具备水源调控条件时，宜通过水源调控方式从源头控制产嗅藻的生长，降低进入自来水厂处理工艺的产嗅藻和嗅味物质浓度。

6.1.3 地表水源水厂宜配备粉末活性炭及预氧化剂投加装置，以有效应对季节性或原因不明的突发性嗅味问题。

6.1.4 对于嗅味常年多发或存在复杂嗅味的水源，或粉末活性炭投加量超过 20mg/L 且使用期较长时（连续投加时间超过 6 个月），应考虑增设臭氧-生物活性炭深度处理工艺，或考虑增设颗粒活性炭吸附处理单元。

6.1.5 对于嗅味问题比较突出的水源，宜构建从水源到水厂的嗅味控制多级屏障。

6.2 水源嗅味调控

6.2.1 新建水库/原水调蓄池的设计

    1 水库或原水调蓄池的浅水区（水深小于 5m 的区域）适宜产嗅藻生长，设计时应考虑水库或原水调蓄池的结构优化，保证常态水位下尽可能减少浅水区的面积占比（低于 10%）。

    2 水库或原水调蓄池的滞留区有利于藻类富集生长，是藻类暴发的高风险区，设计时可通过设置导流墙等方式，避免或降低水库或原水调蓄池中滞留区的形成。

6.2.2 水库运行优化

    1 针对藻类的一般性控制措施

1）对于库容量小于 1000 万 m³ 的小型水库，可通过降低水力停留时间（＜10d）来降低藻类的暴发风险。

2）对于库容量较大的水库，可通过在水库滞留区增设导流墙等措施，加强水体流动性，降低藻类的暴发风险。

2　针对产嗅藻的控制措施

1）针对产 2-甲基异莰醇的丝状藻，利用其在水体亚表层或底层生长的特点，嗅味高发期可通过降低水下光照的措施抑制产嗅藻的生长。

①针对水位可调节的水库，可通过提升水位降低水库中浅水区面积占比，形成不利于产嗅藻生长的环境。

②针对河流型调蓄水库，可通过水库闸门调度等措施加大入库流量，维持水体浊度在 20NTU 以上，抑制产嗅藻的生长。

2）针对土臭素的产嗅藻，应采取分层取水的方式，避免采集表层高藻细胞的原水。

6.3　水厂嗅味去除

6.3.1　去除技术的选择

1　对于不同的嗅味物质，应根据其可处理性选择适用的处理技术。典型嗅味物质的可处理性参见附录 A。

2　活性炭吸附可用于多数嗅味物质的去除，高锰酸钾、氯（次氯酸钠）和二氧化氯等氧化剂对 2-甲基异莰醇和土臭素无去除效果。

3　对于硫醚类物质的去除，应优先采用氧化技术。

6.3.2　工艺设计

1　嗅味与痕量有害污染物、消毒副产物、藻类等问题可能同时存在，进行工艺设计时应综合考虑各种目标的可达性。

2　对于藻细胞含量较高（1000 万个/L 以上）的原水，进行工艺设计时宜避免采用澄清池。

3　对于多种嗅味物质共存或长期存在嗅味问题的水源，设计时优先考虑采用臭氧-生物活性炭深度处理工艺，且不宜采用砂滤后置的方式。

6.3.3 运行优化

1 粉末活性炭吸附

1）粉末活性炭选择：去除 2-甲基异莰醇或土臭素时宜选择微孔孔容大于 $0.2cm^3/g$、200 目以上的粉末活性炭。

2）投加位点：粉末活性炭投加点位置的确定应以尽量延长水与活性炭的接触时间为目标。有条件时，宜在取水口处投加粉末活性炭，使其在管道输送过程中与水充分接触。

3）投加量：对具有嗅味的水源水，应采用烧杯试验等方式确定粉末活性炭的投加量和接触时间；为减少对后续处理工艺的影响，粉末活性炭投加量一般不宜超过 20mg/L。附录 F 给出了不同嗅味物质的粉末活性炭投加量参考值。

2 预氧化

1）可采用氯（次氯酸钠）、高锰酸钾、二氧化氯和臭氧等氧化剂来去除硫醚类物质导致的腐败味以及烯醛类物质导致的鱼腥味。

2）应优先根据水厂使用的消毒剂种类，选择相应的预氧化剂。藻类含量较高条件下宜采用高锰酸钾或臭氧。

3）投加位点：氯（次氯酸钠）、二氧化氯和高锰酸钾投加位点相对灵活，可设在取水口、水厂进水口或混合池；当与粉末活性炭联用时，应投加在粉末活性炭之前，且应保证接触时间在 5min 以上。

4）投加量：预氧化剂的投加量应根据嗅味类型及原水水质情况综合确定。通常来说，氯（次氯酸钠）投加量为 $0.5\sim3.0mg/L$；二氧化氯投加量应不高于 1.0mg/L；高锰酸钾投加量通常在 2.5mg/L 以下；预臭氧投加量宜为 $0.5\sim1.5mg/L$。针对典型嗅味物质的预氧化剂投加量参考附录 F，应根据不同水质条件结合必要的验证实验确定预氧化剂投加量。

3 臭氧-生物活性炭深度处理工艺

一般臭氧投加量为 $1.0\sim2.5mg/L$，水源中 2-甲基异莰醇和土臭素浓度在 200ng/L 以下时可有效控制嗅味，高于此浓度时应适当提高臭氧投加量，或在主臭氧段投加过氧化氢形成高级氧化，或增设粉末活性炭预处理。

4 注意事项

1）投加粉末活性炭时，水厂应关注并适时调整混凝沉淀池和滤池的运行参数，避免细小炭颗粒进入滤池而增加过滤负荷，保证出水中无粉末活性炭残留。

2）采用澄清池的水厂，运行时应关注藻细胞聚集情况，防止因藻细胞破裂导致嗅味物质释放。

3）应用氯（次氯酸钠）及二氧化氯时，应加强对相应消毒副产物的监测，防止超标；原水存在溴离子且采用预臭氧时，应关注溴酸盐的生成，防止超标。

4）投加高锰酸钾时应防止投药量过高产生"红水"；同时为控制管网"黑水"的产生，出厂水残余锰浓度宜控制在 0.01mg/L 以下，短时间应急运行时可放宽至 0.05mg/L 以下。

5）嗅味发生期间应避免砂滤池、活性炭池反冲洗水回用至处理工艺；或对其进行相应处理，确认无明显异嗅味、嗅味物质和产嗅藻的基础上进行回用。

7 嗅味风险管理

7.1 日 常 管 理

7.1.1 应建立投诉电话-样品保存-嗅味感官评估-嗅味物质检测的联动机制。当饮用水出现嗅味问题或收到投诉时，应请相关单位或用户保留饮用水样品，或者及时前往现场采集样品，带回实验室进行嗅味评价及典型嗅味物质的分析，及时诊断。

7.1.2 湖库水源管理单位应开展藻类日常监测（不低于1次/2周），当原水藻密度增加时，宜增大监测频次（1次/日），重点关注产嗅藻密度变化，建立与水厂的联动机制，产嗅藻密度过高时，及时反馈给水厂调整处理工艺。

7.1.3 水厂宜建立以嗅觉层次分析为主的感官评价方法，并将其纳入日常的过程检测和水质评价体系，对出厂水或工艺段采样进行嗅味评价，并建立与水源管理单位的联动机制。

7.2 水源应对管理

7.2.1 藻源性嗅味通常具有季节性规律，应加强对产嗅藻及嗅味物质的监测管理，嗅味风险季节提高监测频率至1次/周～1次/日以上，并做好嗅味暴发前的应急准备工作。

7.2.2 当水源中有明显的腐败味/沼泽味，或化学品味时，应及时对相关嗅味物质进行识别确认，并加强与环保部门的沟通联系，进一步判定嗅味的可能来源，加强水源管理。

7.2.3 由于干旱等原因水库长期处于低水位运行，或备用水源临时启用时，容易发生嗅味问题，应加强嗅味监测，并做好应急处理准备。

7.3 水厂应对管理

7.3.1 水厂应依据其水源嗅味发生特征，编制水厂净水工艺应急处理预案。

7.3.2 采用粉末活性炭时，应加强对浊度等指标的监测，密切关注沉淀池及滤池的运行状况，及时调整混凝剂用量，优化滤池反冲洗周期，避免出水中有粉末活性炭残留。

7.3.3 对于产嗅藻含量较高的原水，应防止因预氧化剂投加量过高导致嗅味物质释放的情况，并通过适当增加混凝剂投加量、延长沉淀时间、降低滤池滤速等措施，强化工艺段对于藻细胞的去除，防止产嗅藻穿透滤池进入消毒工艺；同时，应加强对出厂水产嗅藻的监测。

7.3.4 嗅味发生期间沉淀池容易聚积藻细胞和微生物，应加强对沉淀池排泥的管理，适当缩短沉淀池排泥周期和滤池反冲洗周期。

附　录

附录 A　我国饮用水中常见嗅味类型、嗅味物质及其可处理性（资料性）

我国饮用水中典型嗅味类型及相关嗅味物质总结

表 A

嗅味类型	典型嗅味物质	活性炭吸附/氧化可处理性[①]	产生来源	我国水源和饮用水发生情况[②]		备注
				水源水检出浓度（检出率）	出厂水检出浓度（检出率）	
土霉味	2-甲基异莰醇	易吸附，难氧化	水源。颤藻、席藻和假鱼腥藻等	<251ng/L（53.8%）	<100ng/L（35.4%）	湖库水源普遍发生
	土臭素	易吸附，难氧化	水源。长胞藻最为常见，浮丝藻、颤藻等也可产生	<10.8ng/L（55.9%）	<10ng/L（50%）	部分区域湖库水源发生
	2,4,6-三氯苯甲醚	易吸附，难氧化	管网。氯化副产物（三氯酚）生物甲基化产生	<0.32ng/L（2.1%）	<1.2ng/L（0.69%）	饮用水发生频率不高
鱼腥味	2,4-庚二烯醛	可吸附，可氧化	水源。低温期藻类的增殖，包括锥囊藻、黄群藻、辐尾藻和隐藻等	—	—	部分湖库水源发生
	2,4-癸二烯醛	可吸附，可氧化		—	—	
	2,4,7-癸三烯醛	可吸附，可氧化		—	—	

嗅味类型	典型嗅味物质	活性炭吸附/氧化① 可处理性	产生来源	我国水源和饮用水发生情况②		备注
				水源水检出浓度（检出率）	出厂水检出浓度（检出率）	
腐败味/沼泽味	二甲基二硫醚	难吸附、易氧化	水源。藻细胞大量积聚及生活、工业污水污染下可引大量产生，注意通过细菌分解含硫有机物及含硫化合物的生物甲基化等生成	<714ng/L（85.5%）	<8.7ng/L（45.1%）	河流等微污染水源普遍发生
	二甲基三硫醚	难吸附、易氧化		<84.4ng/L（60%）	<3.3ng/L（25%）	
	二乙基二硫醚	难吸附、易氧化		<1.7ngL（6.9%）	<1.3ng/L（5.6%）	—
化学品味	双（2-氯-1-甲基乙基）醚	可吸附、难氧化	水源。工业污染排放，如环氧丙烷及环氧氯丙烷生产废水的排放	<1280ng/L（42.1%）	<1191ng/L（36.1%）	部分河流等微污染水源发生
	2-甲基-1,3-二氧戊环	可吸附、难氧化	水源。工业污染排放，如树脂等生产废水的排放	<1644ng/L（22.3%）	<1126ng/L（17%）	
	2-乙基-4-甲基-1,3-二氧戊环	可吸附、难氧化	水源。工业污染排放，如树脂等生产废水的排放	<61.8ng/L（12.2%）	<40.5ng/L（10.6%）	

① 氧化剂为高锰酸钾和氯（二氧化氯）；
② 数据来源于水专项题"饮用水特征嗅味识别与控制技术研究与示范"（2015ZX07406001）针对全国98个厂的调查结果。

附录 B 嗅味物质的嗅阈浓度测试法（规范性）

对于某一物质来说，能闻测到其嗅味的最低浓度即为该物质的嗅阈浓度（Odor Threshold Concentration，OTC）。可采用以强制性选择三角测试为基础的 ASTM E679-04（Forced-Choice Triangle Test）进行测试。应用该方法，可对不同的嗅味物质进行嗅阈浓度测试。主要步骤如下：

1 选定预测试的化合物，设置一系列由低浓度到高浓度（或稀释倍数由低到高）的样品，每个浓度梯度上另设置两个无嗅味样品，从低浓度向高浓度依次进行三角测试闻测，当测试人员完成了所有样品的闻测后结束。

2 先计算个人的嗅阈值（Best-Estimate Threshold），它是以个人连续得到正确结果时，最后一个答错浓度与下一个答对浓度的几何平均值；若全答对，则以最低浓度及其一半浓度的几何平均值作为估算值；若全答错，则以最高浓度及其两倍浓度的几何平均值作为估算值。

3 小组阈值为小组成员嗅阈值的几何平均值。表 B 以 2-甲基异莰醇为例给出了嗅阈浓度测试及计算结果。

2-甲基异莰醇嗅阈浓度测试及计算结果　　　　表 B

分析人员	2-甲基异莰醇浓度（ng/L）						个人的嗅阈值（ng/L）
	1.5625	3.125	6.25	12.5	25	50	
a	0	+	+	+	+	+	2.21
b	0	0	+	+	+	+	4.42
c	0	0	+	+	+	+	4.42
d	0	0	+	+	+	+	4.42
e	0	+	0	+	+	+	8.84

分析人员	2-甲基异莰醇浓度（ng/L）						个人的嗅阈值 (ng/L)
	1.5625	3.125	6.25	12.5	25	50	
f	＋	0	＋	＋	＋	＋	4.42
g	0	0	＋	0	＋	＋	17.67
h	0	0	＋	＋	＋	＋	4.42
i	0	0	0	＋	＋	＋	8.84
小组 2-甲基异莰醇嗅阈浓度							5.57

注：＋代表答案正确，0代表答案错误。

附录 C 典型嗅味物质分析(资料性)

C.1 腐败味物质

可采用顶空固相微萃取-气相色谱/质谱（SPME-GC/MS）的方法进行定量测定。具体分析条件如下：

1 仪器设备：气相色谱/质谱联用仪，固相微萃取装置（自动或手动）。

2 固相微萃取纤维头：萃取头吸附涂层材料为 CAR/PDMS（85μm），新购萃取头使用前须按照说明书规定条件进行老化预处理；样品检测前，萃取头在气相色谱仪进样口 240℃ 下至少老化 5min。

3 固相微萃取条件：水样体积 12.5mL，NaCl 与水样质量比 25%，萃取温度 40℃，萃取时间 30min。

4 气相色谱参考条件：色谱柱 HP-5ms（60m× 0.25mm×0.25μm），离子源温度 230℃，进样口温度 280℃；升温过程：35℃保持 5min，然后以 10℃/min 升温至 110℃ 并保持 2min，再以 20℃/min 升温至 250℃ 并保持 1min。

硫醚、硫醇类物质的定量分析参数见表 C.1。

硫醚、硫醇类物质的定量分析参数 表 C.1

编号	名称	定量离子	回收率（%）
1	二甲基二硫醚	94	90
2	异丙基硫醚	118	83
3	二丙硫醚	89	110
4	二甲基三硫醚	126	109
5	正庚硫醇	70	90
6	二丁基硫醚	56	120
7	正辛硫醇	56	75
8	二异戊基硫醚	70	81
9	1-壬硫醇	41	112
10	十烷基硫醇	70	103

C.2 鱼腥味物质

基于顶空固相微萃取-气相色谱/质谱的方法，可对典型鱼腥味（草腥味）物质进行分析，主要包括己醛、2-辛烯醛、壬醛、2,6-壬二烯醛、2,4-癸二烯醛、庚醛、2,4-庚二烯醛、苯甲醛和β-环柠檬醛9种醛类物质的同时测定方法检出限为1.6～17.5ng/L，均低于各种物质的嗅阈值，回收率为86%～115%。具体测定条件如下：

1 仪器设备：气相色谱/质谱联用仪，固相微萃取装置（自动或手动）。

2 固相微萃取纤维头：萃取头吸附涂层材料为CAR/PDMS（85μm），新购萃取头使用前须按照说明书规定条件进行老化预处理；样品检测前，萃取头在气相色谱仪进样口240℃下至少老化5min。

3 固相微萃取条件：水样体积12.5mL，NaCl与水样质量比25%，65℃条件下恒温振荡10min，顶空萃取20min。

4 气相色谱参考条件：250℃进样口温度下解析3min进入气相色谱进行分析，采用DB-WAX（60m×0.25mm×0.25μm）色谱柱，离子源温度230℃，进样口温度250℃，升温过程：40℃保持3min，然后以8℃/min升温至240℃并保持5min；定量采用外标法。

C.3 化学品味物质

基于顶空固相微萃取-气相色谱/质谱的方法，可对4种化学品味物质进行分析，主要包括双（2-氯-1-甲基乙基）醚、2-乙基-4-甲基-1,3-二氧戊环、2-乙基-5,5-二甲基-1,3-二氧六环及2,5,5-三甲基-1,3-二氧六环的同时测定，方法检出限为2.0～20.5ng/L，回收率为67%～110%。具体测定条件如下：

1 仪器设备：气相色谱/质谱联用仪，固相微萃取装置（自动或手动）。

2 固相微萃取纤维头：萃取头吸附涂层材料为 CAR/PDMS（85μm），新购萃取头使用前须按照说明书规定条件进行老化预处理；样品检测前，萃取头在气相色谱仪进样口 240℃下至少老化 5min。

3 固相微萃取条件：水样体积 12.5mL，NaCl 与水样质量比 25%m，65℃条件下恒温振荡 10min，顶空萃取 25min。

4 气相色谱参考条件：250℃进样口温度下解析 3min 进入气相色谱进行分析，采用 VF-624ms（60m×1.80μm×0.32mm）色谱柱，离子源温度 230℃，进样口温度 250℃；升温过程：40℃保持 2min，然后以 8℃/min 升温至 110℃并保持 1min，再以 10℃/min 升温至 260℃并保持 20min；定量采用外标法。

化学品味物质的定量分析参数见表 C.3。

化学品味物质的定量分析参数　　　　　　　　表 C.3

编号	名称	定量离子	参考离子
1	双(2-氯-1-甲基乙基)醚	121	45
2	2-乙基-4-甲基-1,3-二氧戊环	87	59
3	2-乙基-5,5-二甲基-1,3-二氧六环	115	56
4	2,5,5-三甲基-1,3-二氧六环	115	69

C.4 100 种嗅味物质同时定量分析方法

基于液液萃取/顶空固相微萃取-气相色谱/串联质谱的方法，可对水中 100 种嗅味物质进行快速筛查及同时定量分析。主要的嗅味物质包括硫醚、醛、吡嗪类物质、苯类物质、酚类物质、环状缩醛类物质、吲哚类物质、噻唑、醚类、酮类、酯类物质以及一些萜类、类萜物质和香料物质等。该方法的标准曲线具有良好的线性（$R^2 > 0.98$），回收率在 65%～119%之间，重复性良好（相对标准偏差 RSD<20%），方法检出限在 0.10～100ng/L 范围内，大部分嗅味物质的检出限低于相应物质的嗅阈值。具体测定条件如下：

1 仪器设备：气相色谱-三重四极杆串联质谱（GCMS-TQ8040，日本 Shimadzu 公司）。

2 液液萃取过程如下：取 500mL 过滤后的水样（GF/C，1.2μm，Whatman，England）于 1L 分液漏斗中，加入 10μL 一类 4 种氘代内标使用液（加入后水中浓度为 40ng/L 苯甲醛-d_6，5ng/L 二甲基二硫醚-d_6，50ng/L 邻苯甲酚-d_4，50ng/L1，4-二氧六环-d_8），混匀后加入 15g 氯化钠，并加入 50mL 二氯甲烷萃取，振荡器以 235r/min 的速度振荡 10min，静置分层 1h，取出有机相（二氯甲烷）收集于三角瓶内，剩余水样再加入 25mL 二氯甲烷进行二次萃取，将两次萃取液经无水硫酸钠脱水后，转入鸡心瓶旋转蒸发，最后用 K-D 浓缩管定容至 0.5mL，取 10μL 0.5mg/L 的二类氘代内标（4-氯甲苯-d_4、1,4-二氯苯-d_4、萘-d_8、菲-d_{10}、荧蒽-d_{10}）混标 10μL 加入样品，待测。

3 固相微萃取过程如下：称取 4g 氯化钠，放入 20mL 顶空瓶中，缓慢加入 12.5mL 水样，在 65℃、400r/min 下平衡 5min，将 85μm CAR/PDMS 萃取头插入顶空瓶内液面上空间吸附 30min，取出萃取头插入气相色谱仪进样器在 250℃下解吸 5min，不分流进样测定。

4 气相色谱-串联质谱参考条件：色谱柱：VF-624ms（60m×1.80μmL×0.32mm）；载气：氦气；CID 气：氩气；不分流进样，进样体积：1.0μL；进样口温度：250℃；色谱柱升温程序为：40℃保持 2min，然后以 8℃/min 升温至 110℃并保持 1min，再以 10℃/min 升温至 260℃并保持 20min；线速度：36.1cm/s；EI 离子源电离能：70eV；检测器电压：0.98kV；离子源温度：230℃；色谱质谱接口温度：260℃；溶剂延迟时间：7.2min（用固相微萃取法时，1min）。

100 种嗅味物质多离子反应监测方式（MRM）参数见表 C.4。

表C.4

100种嗅味物质多离子反应监测方法参数

编号	名称	定量离子对 m/z	Ch1 CE	参考离子对1 m/z	Ch2 CE	参考离子对2 m/z	Ch3 CE
1	二乙基硫醚	90.00>75.10	12	90.00>62.00	9	90.00>47.10	18
2	二甲基二硫醚	94.00>79.00	15	94.00>61.00	9	94.00>64.00	27
3	二异丙基硫醚	103.00>61.00	6	118.00>103.10	9	118.00>43.10	18
4	丙基硫醚	76.00>42.10	6	118.00>76.10	6	89.00>61.00	6
5	二乙基二硫醚	122.00>94.00	9	122.00>66.00	18	94.00>66.00	6
6	二甲基三硫醚	126.00>79.00	18	79.00>64.00	18	126.00>61.10	6
7	丁基硫醚	90.00>56.10	6	146.00>56.10	18	146.00>90.10	9
8	二丙基二硫醚	150.00>43.10	18	108.00>43.10	12	150.00>108.10	6
9	戊基硫醚	70.00>55.10	9	103.00>69.10	9	103.00>41.10	18
10	二丁基二硫醚	178.00>57.20	18	122.00>57.10	6	178.00>122.10	6
11	二戊基硫醚	206.00>43.10	21	136.00>43.10	18	103.00>69.10	12
12	二苯硫醚	186.00>184.10	27	186.00>77.10	27	185.00>152.10	27
13	二异丙基二硫醚	150.00>108.00	6	108.00>66.00	6	66.00>64.00	21
14	二异丙基三硫醚	182.00>140.00	6	182.00>75.10	12	98.00>64.00	12
15	异丙基丙基硫醚	118.00>76.10	9	103.00>61.00	6	118.00>103.10	9

编号	名称	定量离子对 m/z	Ch1 CE	参考离子对 1 m/z	Ch2 CE	参考离子对 2 m/z	Ch3 CE
16	己醛	56.00>41.10	12	82.00>67.10	6	72.00>57.10	12
17	庚醛	70.00>55.10	9	70.00>42.00	6	81.00>41.10	18
18	苯甲醛	105.00>77.10	12	106.00>77.10	18	77.00>51.10	18
19	2,4-庚二烯醛	81.00>53.10	18	110.00>81.00	6	79.00>77.10	12
20	2-辛烯醛	83.00>55.10	9	70.00>42.00	6	70.00>55.10	9
21	壬醛	82.00>67.10	6	70.00>55.10	9	98.00>56.10	6
22	癸醛	82.00>67.10	6	71.00>43.10	6	82.00>41.10	24
23	2,4-癸二烯醛	81.00>53.10	18	67.00>41.10	12	95.00>67.10	9
24	β-环柠檬醛	137.00>109.20	6	152.00>137.20	9	152.00>123.10	6
25	香草醛	151.00>123.00	9	152.00>123.10	18	151.00>108.00	18
26	四甲基吡嗪	136.00>54.10	12	136.00>95.10	9	136.00>121.10	12
27	吡嗪	80.00>53.10	12	81.00>54.10	12	80.00>78.00	45
28	2-甲氧基-3-（2-甲基乙基）吡嗪	152.00>137.10	9	137.00>109.10	9	152.00>124.10	6
29	2-甲氧基-3-（2-甲基丙基）吡嗪	124.00>94.10	12	124.00>81.10	9	124.00>42.10	24

编号	名称	定量离子对 m/z	Ch1 CE	参考离子对1 m/z	Ch2 CE	参考离子对2 m/z	Ch3 CE
30	二甲基吡嗪	108.00>42.10	15	108.00>40.10	21	108.00>81.10	9
31	2-乙基-5-甲基吡嗪	122.00>94.10	15	122.00>66.10	27	122.00>53.10	27
32	三甲基吡嗪	122.00>42.10	15	122.00>81.10	9	81.05>42.10	6
33	1,4-二氯苯	146.00>111.00	18	146.00>75.10	24	111.00>75.00	12
34	2,4,6-三氯茴香醚	195.00>166.90	18	197.00>169.00	18	210.00>194.90	12
35	五氯茴香硫醚	265.00>236.80	18	280.00>236.80	24	280.00>264.80	12
36	二氢苊	118.00>115.10	24	115.00>89.10	18	118.00>91.10	24
37	异丙基苯	105.00>77.10	18	120.00>105.10	9	105.00>79.10	9
38	佳乐麝香	243.00>213.20	9	258.00>243.20	9	243.00>143.20	21
39	联苯	154.00>152.10	27	153.00>151.10	30	154.00>115.10	27
40	2,4,6-三溴苯甲醚	344.00>328.50	21	329.00>300.50	24	344.00>300.40	33
41	2,3,4-三氯苯甲醚	195.00>167.00	12	197.00>168.90	12	210.00>167.00	21
42	2,3,6-三氯苯甲醚	210.00>166.90	21	212.00>168.90	21	210.00>194.90	12
43	硝基苯	77.00>51.00	15	123.00>77.10	15	123.00>93.10	6

编号	名称	定量离子对 m/z	Ch1 CE	参考离子对 1m/z	Ch2 CE	参考离子对 2m/z	Ch3 CE
44	2-甲基酚	108.00>77.10	24	108.00>79.10	18	107.00>79.10	9
45	4-溴基酚	172.00>65.10	21	174.00>65.10	24	93.00>65.10	9
46	3-甲基酚	108.00>77.10	27	108.00>79.10	18	107.00>51.10	27
47	2-硝基酚	139.00>81.10	18	139.00>109.10	9	139.00>65.10	21
48	2,6-二甲基酚	107.00>77.10	18	122.00>107.10	12	122.00>77.10	27
49	2-氯酚	128.00>64.10	18	130.00>64.10	18	128.00>92.10	9
50	2,4,6-三溴酚	330.00>141.00	30	332.00>143.00	27	332.00>141.00	33
51	吲哚	117.00>90.10	18	89.00>63.00	18	90.00>63.10	24
52	3-甲基吲哚	130.00>77.10	24	130.00>103.10	15	103.00>77.10	12
53	2-氯异丙基醚	107.00>41.10	18	121.00>45.00	6	121.00>41.10	18
54	桉树脑	108.00>93.10	9	93.00>77.10	18	81.00>41.10	18
55	二苯基醚	170.00>141.10	18	141.00>115.10	18	170.00>77.10	21
56	乙基叔丁基醚	87.00>59.10	9	59.00>43.00	21	59.00>41.00	9
57	乙二醇丁基醚	57.00>41.00	6	57.00>39.00	21	41.00>39.00	9

编号	名称	定量离子对 m/z	Ch1 CE	参考离子对 1m/z	Ch2 CE	参考离子对 2m/z	Ch3 CE
58	4-溴苯基苯基醚	141.00>115.10	18	248.00>141.10	18	248.00>77.10	27
59	甲基叔戊基醚	73.00>43.00	18	43.00>41.10	6	73.00>45.10	9
60	二氯乙醚	93.00>63.00	6	95.00>65.00	6	63.00>61.00	24
61	丁酸丙酯	71.00>43.10	9	89.00>43.10	12	71.00>41.10	18
62	乙酸冰片酯	93.00>77.10	15	95.00>67.10	12	95.00>55.10	18
63	顺-3-己烯酯	82.00>67.10	9	67.00>41.10	15	82.00>41.10	21
64	丁酸丁酯	71.00>43.10	6	89.00>43.10	12	71.00>41.10	18
65	紫罗兰酮	177.00>147.10	24	177.00>162.20	18	91.00>65.10	18
66	1-戊烯-3-酮	84.00>55.00	6	83.00>55.10	15	84.00>41.10	12
67	甲基庚烯酮	43.00>41.10	6	41.00>39.00	9	55.00>39.00	18
68	环己酮	98.00>55.10	18	98.00>80.10	6	98.00>69.10	9
69	1-辛烯-3-酮	70.00>55.00	6	70.00>43.00	9	70.00>41.10	18
70	樟脑	95.00>55.10	18	95.00>67.10	12	81.00>41.10	18
71	2-甲基异莰醇	95.00>67.10	15	95.00>55.10	18	108.00>93.10	12

编号	名称	定量离子对 m/z	Ch1 CE	参考离子对 1 m/z	Ch2 CE	参考离子对 2 m/z	Ch3 CE
72	土臭素	112.00>97.10	12	112.00>83.10	12	112.00>69.10	21
73	芳樟醇	71.00>43.00	9	93.00>77.10	12	93.00>91.10	9
74	薄荷醇	81.00>41.00	18	71.00>43.00	6	95.00>67.10	9
75	香叶醇	69.00>41.00	6	69.00>39.00	21	41.00>39.00	9
76	顺-3-己烯-1-醇	82.00>67.10	6	67.00>41.10	12	41.00>39.00	9
77	橙花醇	69.00>41.00	6	93.00>77.00	12	69.00>39.00	21
78	吡啶	79.00>52.00	18	79.00>50.10	24	78.00>51.00	12
79	噻唑	85.00>58.00	12	87.00>60.00	18	58.00>45.00	24
80	2-乙酰基噻唑	99.00>59.10	21	99.00>54.10	15	99.00>72.10	9
81	1,4-二噁六环	88.00>58.00	9	88.00>44.10	6	88.00>43.00	18
82	1,3-二噁六环	87.00>59.10	9	87.00>41.10	18	59.00>41.00	6
83	2-乙基-2-甲基-1,3-二氧戊环	87.00>43.00	18	57.00>42.00	27	43.00>41.00	6
84	1,3-二氧戊环	73.00>45.00	12	73.00>43.10	21	45.00>43.00	18
85	2,2-二甲基-1,3-二氧戊环	87.00>43.00	18	42.00>40.00	9	43.00>41.10	9

编号	名称	定量离子对 m/z	Ch1 CE	参考离子对 1m/z	Ch2 CE	参考离子对 2m/z	Ch3 CE
86	2-甲基-1,3-二氧戊环	73.00>45.00	12	73.00>43.00	24	45.00>43.00	12
87	2-乙基-4-甲基-1,3-二氧戊环	87.00>59.10	9	59.00>41.10	6	87.00>41.00	15
88	2-乙基-5,5-二甲基-1,3-二氧六环	56.00>41.00	9	69.00>41.00	9	56.00>39.00	21
89	甲基苯乙烯	117.00>115.10	15	117.00>91.10	21	118.00>91.10	27
90	正辛烯	43.00>41.10	6	41.00>39.00	9	55.00>39.00	18
91	苯乙烯	104.00>78.10	15	78.00>52.10	21	104.00>52.10	27
92	柠檬烯	68.00>53.00	12	67.00>65.10	12	68.00>65.20	15
93	三甲基-1-环己烯	81.00>79.10	12	81.00>53.10	15	67.00>65.00	12
94	二环戊二烯	66.00>51.00	21	66.00>63.10	27	66.00>62.00	45
95	1-甲基萘	141.00>115.10	21	142.00>115.10	27	115.00>89.10	18
96	2-甲基苯病呋喃	131.00>77.10	21	131.00>103.10	9	132.00>77.10	27
97	四氢呋喃	42.00>40.00	6	72.00>42.00	9	41.00>39.00	9
98	吐纳麝香	258.00>243.20	9	243.00>187.20	9	243.00>57.20	21
99	二甲苯麝香	115.00>89.10	18	128.00>102.10	21	128.00>78.10	24
100	2-叔丁基苯酚	135.00>107.10	12	107.00>77.10	18	150.00>135.10	9

附录 D 产嗅藻检测与鉴定(资料性)

D.1 藻 类 分 析

D.1.1 藻种鉴定方法

显微镜镜检:藻种鉴定尚无标准化的方法,可通过显微镜镜检获取藻种形态,并结合水体环境,采用藻类图谱对比鉴定。藻类图谱资料除出版物以外,还可参考 algaebase 网站。

基因测序:分离得到纯藻后可提取其 DNA 进行基因测序,蓝藻可测定 16S RNA 基因,真核藻类可测定 18S/23S 基因,利用基因序列与 NCBI 等权威基因数据库比对获得藻种鉴定结果。

D.1.2 藻类样品前处理

1 鲁戈氏液-沉降法。所用容器一般采用具塞量筒或分液漏斗,也可采用专门设计的富集容器。已加入鲁戈氏液的水样混合均匀后倒入富集容器,容器体积为 100mL～2L,静置沉降 24～72h,具体时间与富集容器中液体高度有关,藻沉降速度为 5～10mm/h。沉降充分后用虹吸等方法吸取上清液,所剩浓缩液体积一般为初始体积的 1/20～1/10。浓缩液混合均匀后倒出或者从分液漏斗的底部阀门流出保存在小瓶或离心管中避光低温保存待检。

2 膜过滤法。一般采用聚碳酸酯膜或醋酸纤维膜,膜孔径为 0.45～5μm,根据藻类型选择。取一定体积(10mL～1L)未加鲁戈氏液的水样真空抽滤后将膜放入 10mL 离心管或小烧杯中,用 5～10mL 水冲洗,并充分振荡让藻细胞从膜上脱落,样品马上检测或加入几滴鲁戈氏液后避光低温保存待检。膜过滤法可节省时间,提高浓缩倍数,但由于其能截留大部分颗粒物,有时干扰较大。

D.1.3 藻类计数

经过富集的样品混合均匀后，用吸管等吸取后加入计数板。静置沉淀 15～30min，待藻细胞沉降至计数板底部后镜检。样品中藻细胞密度的计算结果与操作过程有关，包括富集倍数、计数板类型、计数区域格子数量等。简单来说，可按下式计算：

$$C = \frac{N\frac{m}{p}}{v\gamma} \times \frac{1000}{10000} = \frac{Nm}{10pv\gamma} \qquad (D.1.3)$$

式中 C ——水样中某藻种的细胞密度，万个/L；

N ——计数板已观测区域所记录的某藻种总细胞数；

m ——计数板总计数单元（格子）数；

p ——观测区域的计数单元（格子）数；

v ——计数板所盛样品体积，mL；

γ ——水样富集倍数。

计数时数据记录可以结合计数器，在记录本上手写记录，并根据计算公式换算得到最终计算结果。为简化繁琐的手写记录和公式计算，以及提高准确率与效率，可采用基于计算机程序的藻类计数软件进行计数，其具备便捷录入、辅助鉴定、自动统计、云计算分析与检测报告自动生成等功能。

D.1.4 藻种分离

1 毛细管分离法

选取直径较小（约 5mm）的玻璃管，在火焰上加热至快熔时拉成极细口径的毛细管。将藻液水样滴至载玻片上镜检，用毛细管挑选待分离藻体，缓慢靠近并利用虹吸作用吸入毛细管，并放入另一浅凹载玻片上镜检检验或转移至 96 孔板等培养器皿中。应重复 20 次以上，增加分离成功的概率。之后，定期镜检（1 次/周左右），并将成功分离液接种的藻细胞约 20～30 个个体移入经灭菌的培养液中培养。

2 稀释分离法

首先把含藻水样稀释到每一滴含有一个左右的生物细胞（也

可能一个都没有，也可能有两个），在稀释过程中配合显微镜检查，调节稀释度，然后准备装有 1/4 容量培养液的试管 20 支，每支试管加入一滴稀释水样，摇匀，进行培养。待藻类生长繁殖达到一定浓度时，再检查是否达到分离目的，若未达到，再重复以上过程。

D.1.5 致嗅基因检测

基于 2-甲基异莰醇与土臭素的合成功能基因序列设计特异性引物，采用荧光定量 PCR 方法检测其致嗅基因丰度。

1 2-甲基异莰醇致嗅基因检测方法

特异性引物：2-甲基异莰醇 QSF4：5′-GACAGCTTCTA-CACCTCCATGA-3′；2-甲基异莰醇 QSR4：5′-CAATCTGTAG-CACCATGTTGAC-3′。

定量 PCR 反应体系为：TB Green™ Premix Ex Taq™ 12.5μL，上下游引物各 0.8μL，模板 DNA 2.0μL，ddH$_2$O 8.9μL。

定量 PCR 扩增程序为：活化阶段 95℃，持续 10min；高温变性 95℃，持续 20s；低温退火 50℃，持续 20s；延伸阶段 72℃，持续 20s；反应共 50 个循环；另外，溶解曲线设置条件为 65℃升温至 97℃，升温速率为 2.2℃/s。

2 土臭素致嗅基因检测方法

特异性引物：173AF：5′-TGTGAGTACCCAAGAGG-3′；173AR：5′-CTGCCA ATCCTGAAGTCCTTT-3′。

定量 PCR 反应体系为：TB Green™ Premix Ex Taq™ 12.5μL，上下游引物各 0.8μL，模板 DNA 2.0μL，ddH$_2$O 8.9μL。

定量 PCR 扩增程序为：活化阶段 95℃，持续 5min；高温变性 95℃，持续 30s；低温退火 52℃，持续 30s；延伸阶段 72℃，持续 30s；反应共 45 个循环；另外，溶解曲线设置条件为 75℃升温至 95℃，升温速率为 2.2℃/s。

D.2 基于监测数据的产嗅藻鉴别方法

该方法需要具备质量较高的藻种及嗅味物质日常监测数据，

要求数据监测频率（t）大于等于 2 周 1 次，推荐为 1 周 1 次以上。具体可参照如下步骤进行分析：

1 数据平滑：将数据按照 4 倍监测频率（$T = 4t$）分组统计各藻种以及嗅味物质的平均浓度；

2 嗅味物质检出率计算：计算各组数据中嗅味物质浓度高于其嗅阈值的分组占比；

3 相关性分析：计算各组嗅味物质检出率与各藻种生物量之间的相关系数 R 及 p 值；

4 计算假阳性率（$FP\%$）：针对各藻种，计算藻种不存在但嗅味物质浓度超过其嗅阈值的分组比率；

5 计算假阴性率（$FN\%$）：针对各藻种，计算藻种存在但嗅味物质浓度低于其嗅阈值的分组比率；

6 可疑产嗅藻排序：筛选出 $R > 0.3$ 且 $p < 0.1$ 的藻种，并按照错误率（$F\% = FN\% + FP\%$）倒序排列筛选出的藻种；

7 专家判断：根据已知的嗅味物质产嗅藻数据库，排除不可能的产嗅藻，确定产嗅藻藻种。

D.3 主要产嗅藻介绍

D.3.1 2-甲基异莰醇产嗅藻

目前文献报道的产 2-甲基异莰醇藻主要为丝状蓝藻。2014年，Komárek 等重新整理了蓝藻分类学体系，对丝状蓝藻分类做了重大调整，导致不同年代所描述的相同产嗅藻种名字发生变化。此文中 2-甲基异莰醇产嗅藻是基于新分类系统描述，主要包括颤藻属、席藻属、浮丝藻属、拟浮丝藻属、假鱼腥藻属、细鞘丝藻属等。

1 颤藻属

颤藻属（*Oscillatoria*），属于蓝藻纲（Cyanophyceae）颤藻目（Oscillatoriales）颤藻科（Oscillatoriaceae），是一种丝状蓝藻，为无伪空泡的底栖种类。细胞形态为不分枝的丝状蓝藻，呈丝状体单生或结成团，无异形胞（Heterocyst），无厚壁孢子（Akinete）。丝状体能颤动、滚动或滑动式运动，并因此得名。颤藻属能形成藻垫层（scum），适合在浅滩底泥或石头上附着生长。

图 D.3.1-1 为显微镜下颤藻属照片。

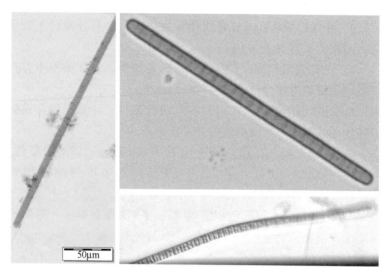

图 D.3.1-1　显微镜下颤藻属照片（图片来源：分离自珠海南屏水库）

2　席藻属

席藻属（*Phormidium*），属于蓝藻纲（Cyanophyceae）颤藻目（Oscillatoriales）颤藻科（Oscillatoriaceae），与颤藻属相同，也是一种丝状蓝藻。植物体呈胶状或皮状，由许多藻丝组成，着生或漂浮，丝体不分枝，直或弯曲；藻丝具有胶鞘，有时略硬，彼此粘连，有时部分融合，薄，无色，不分层，藻丝能动，圆柱形，横壁收缩或不收缩，末端细胞呈头状或不呈头状，细胞内不具有气囊；繁殖形成藻殖段。席藻与颤藻具有相近的生态位，通常在浅滩底部附着生长。图 D.3.1-2 为显微镜下席藻属照片。

3　浮丝藻属

图 D.3.1-2　显微镜下席藻属照片（图片来源：algaebase 网站）

浮丝藻属（*Planktothrix*），属于蓝藻纲（Cyanophyceae）颤藻目（Oscillatoriales）微鞘藻科（Microcoleaceae），又名浮游蓝丝藻属。该属原属于颤藻属（*Oscillatoria*），1998 年 Anagnostidis 和 Komárek 基于其大部分种类具有均匀分布的伪空泡（gas vesicle）、呈全浮游性习性的特点，将其从颤藻属中分离出来归入本属。2002 年，Suda 等基于分子系统关系对分类特征做了描述和再修订，进一步将不含伪空泡的种类排除在浮丝藻属之外。因此，该属与其他颤藻目的物种一样，没有异型细胞与厚壁孢子，而独特之处在于其含有伪空泡，是浮游型蓝藻，倾向于在水体亚表层和深层生长。图 D.3.1-3 为显微镜下浮丝藻属照片。

4　拟浮丝藻属

拟浮丝藻属（*Planktothricoides*），属于蓝藻纲（Cyanophyceae）颤藻目（Oscillatoriales）微鞘藻科（Microcoleaceae），是 1988 年由 Komárek 对颤藻属重新划分后出现的新属。2002 年，

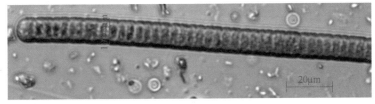

图 D.3.1-3　显微镜下浮丝藻属照片
（图片来源：2011 年拍摄自密云水库鲁戈氏液固定后样品）

Suda 等根据形态、脂肪酸成分和 16S rDNA 序列等多种特征将其从浮丝藻属（*Planktothrix*）分离出来，并以拉氏拟浮丝藻（*Planktothricoides raciborski*）作为模式种的新属，最后于 2014 年再次分类更新时将其归入微鞘藻科。拟浮丝藻是一种淡水水体常见的水华性蓝藻类群，藻体呈丝状，藻细胞具有气囊，周生于细胞周围，藻丝末端尖细狭窄，偏向一侧。图 D. 3. 1-4 为显微镜下拟浮丝藻属照片。

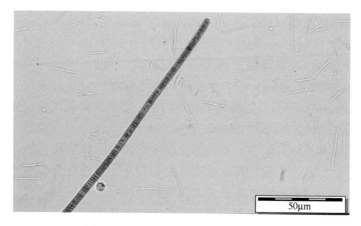

图 D. 3. 1-4　显微镜下拟浮丝藻属照片
（图片来源：2019 年分离自珠海凤凰山水库）

5　假鱼腥藻属

假鱼腥藻属（*Pseudanabaena*），属于蓝藻纲（Cyanophyceae）聚球藻目（Synechococcales）假鱼腥藻科（Pseudanabaenaceae），又名伪鱼腥藻。该属为丝状蓝藻，丝体单生或者聚团，能产生黏液形成藻垫层，通常为直线形或轻微波浪形弯曲，不具有胶鞘。一般藻丝不太长，宽度为 $0.8 \sim 3.0 \mu m$，圆柱形，原生质体均匀，不具有气囊。值得注意的是，该藻含有浮游类、附着类及底栖类，适合生长在贫营养、中营养及轻微富营养化水体中，是常见的淡水水华藻种。图 D. 3. 1-5 为显微镜下假鱼腥藻属照片。

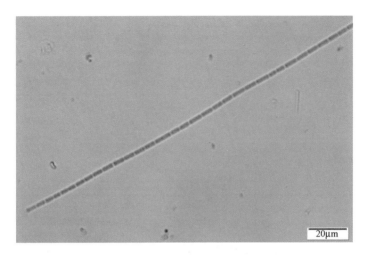

图 D.3.1-5　显微镜下假鱼腥藻属照片
（图片来源：2016 年分离自上海青草沙水库）

6　细鞘丝藻属

细鞘丝藻属（*Leptolyngbya*），属于蓝藻纲（Cyanophyceae）聚球藻目（Synechococcales）细鞘丝藻科（Leptolyngbyaceae），也是一种丝状蓝藻，于 1988 年被 Anagnostidis 和 Komárek 首次命名成立，后经几次分类系统更新，现收编了多个席藻藻种。该属藻丝体较长，单生或盘绕成簇和薄垫（有时直径可达几厘米），弓形，波浪状或强烈盘绕，宽 0.5～3.2μm，薄而结实，鞘通常无色，在顶端呈开放状。图 D.3.1-6 为显微镜下细鞘丝藻属照片。

D.3.2　土臭素产嗅藻

土臭素主要由蓝藻中的念珠藻目（Nostocales）、颤藻目（Oscillatoriales）与聚球藻目（Synechococcales）共计 10 个科的 21 个属产生。其中，念珠藻目藻种产土臭素记录次数为 29 次，颤藻目藻种产土臭素记录次数为 40 次，共占总记录的 95%。此外，聚球藻目中有 4 个藻种有产土臭素的报道记录。如下为几种常见土臭素产嗅藻。

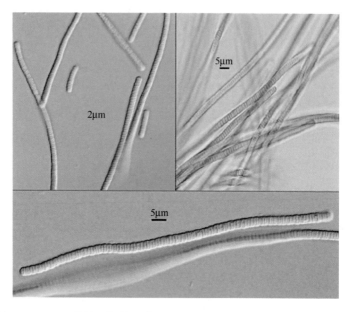

图 D.3.1-6　显微镜下细鞘丝藻属照片（图片来源：康奈尔大学藻种库）

1　长孢藻属

长孢藻属（*Dolichospermum*），属于蓝藻纲（Cyanophyce-ae）念珠藻目（Nostocales）束丝藻科（Aphanizomenonaceae），是由 Wacklin 等采用现代分类学方法重新评估了鱼腥藻属成员后成立的新属名，主要包括原有鱼腥藻属（*Anabaena*）中具有气囊的浮游种。该属的形态特征为单一丝状体或形成特殊群体，自由漂浮，藻丝体为黄绿色或浅绿色，呈线性或稍微弯曲或不规则的螺旋形弯曲，藻丝等宽或末端稍细，有的具有胶鞘。营养细胞具有气囊，为球形、扁球形或桶形，细胞横壁处收缢。异形胞为球形、近球形或卵形。孢子为球形、近球形、桶形、柱形或肾形，一个或几个成串，紧靠异形胞或位于异形胞之间。该属主要生活在湖泊、河流、池塘等各种淡水水体中。由于其具有气囊，可以调节细胞的浮力，从而在水体中上下自由移动获取光源。在条件适宜的时候（多为夏、秋季节），长孢藻属可以大量繁殖，并聚集在水面上形成水华，同时向水体中释放各种藻毒素和嗅味物质。图 D.3.2 为显微镜下长孢藻属照片。

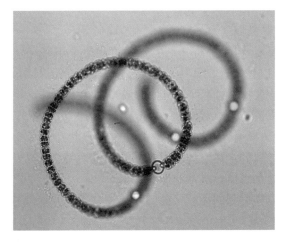

图 D.3.2　显微镜下长孢藻属照片
（图片来源：2017 年拍摄自天津于桥水库样品）

2　鱼腥藻属

鱼腥藻属（*Anabaena*），属于蓝藻纲（Cyanophyceae）念珠藻目（Nostocales）念珠藻科（Nostocaceae），是由 Bory 在 1822 年以类颤鱼腥藻（*Anabaena oscillatorides*）为模式种创建的含异形胞的一种丝状蓝藻。如前所述，2006 年 Wacklin 等采用现代分类学方法将浮游型的鱼腥藻移出成立新属长孢藻属（*Dolichospermum*），目前主要保留了附着生长的藻种。该属与长孢藻属描述基本相同，主要区别是鱼腥藻属不具有气囊。

3　席藻属

席藻属（*Phormidium*）不仅可以产生 2-甲基异莰醇，也是土臭素的主要来源。目前，国际上的报道包括 *Phormidium allorgei*、*Phormidium breve*、*Phormidium inundatum*、*Phormidium uncinatum* 与 *Phormidium viscosum*，主要来自日本（Kasumigaura 湖）、挪威、美国加州；此外，还有两个未定种席

藻分别分离自美国 Silverwood 湖与马修斯湖，均具有产土臭素潜力。其中，*Phormidium breve* 与 *Phormidium calcicole* 可同时产生 2-甲基异莰醇和土臭素。

4　浮丝藻属

浮丝藻属（*Planktothrix*）除了可产生 2-甲基异莰醇外，也可代谢产生土臭素。其中，阿氏浮丝藻（*Planktothrix agardhii*）为报道最多的藻种，包括挪威与加拿大（马尼托巴省的盐湖）都有报道；*Planktothrix mougeotii* 与 *Planktothrix prolifica* 各有 1 次报道，同样来自于上述两地；此外，有 3 个未定种的浮丝藻导致的水体土臭素嗅味问题，包括美加边界五大湖区与芬兰的某淡水水体及水池。Suurnakki 等通过分子生物学发现从芬兰水池分离得到的浮丝藻能同时产生 2-甲基异莰醇和土臭素。

5　颤藻属

颤藻属（*Oscillatoria*）同样具备同时产生 2-甲基异莰醇和土臭素的能力。目前，关于颤藻属产土臭素的报道共有 10 次，已知至少有 3 个藻种可产生土臭素，包括泥生颤藻（*Oscillatoria limosa*），相关报道来自瑞士博登湖、加拿大大湖以及美国加州。此外，还有报道发现了某些未定种颤藻具有产土臭素能力。

6　束丝藻属

束丝藻属（*Aphanizomenon*），属于蓝藻纲（Cyanophyceae）念珠藻目（Nostocales）束丝藻科（Aphanizomenonaceae），是一种生活在淡水中的浮游丝状藻类，是除微囊藻之外的又一类常见优势种群，在国内外很多富营养化水体中都有报道。束丝藻属藻丝单生、直或略弯曲，具有气囊，能自由漂浮；每根藻丝通常具有 1～3 个异形胞，异形胞为卵形、圆柱状，有时为球形。水华束丝藻（*Aphanizomenon flos-aquae*）、柔细束丝藻（*Aphanizomenon gracile*）和依沙束丝藻是我国淡水水体常见的三种束丝藻种类。

D.3.3　鱼腥味产嗅藻

饮用水中的鱼腥味问题主要与水源水中一些低温藻类的大量

生长有关。如早期报道的美国密歇根湖早春季节的鱼腥味事件，主要与针杆藻有关；加拿大格伦莫尔湖 1999—2000 年冬季冰封期产生强烈的鱼腥味，与锥囊藻的爆发有关；日本琵琶湖 1977—1994 年期间多次产生的鱼臭味问题可能是由辐尾藻引起的；我国呼和浩特金海调蓄水库 2011—2012 年冬季的鱼腥味问题主要与锥囊藻、小环藻和直链藻有关。目前记录的可以产生鱼腥味的藻类主要来自 3 个藻门，包括金藻门、隐藻门与硅藻门。几种典型鱼腥味产嗅藻介绍如下。

1 金藻门

锥囊藻（*Dinobryon*，图 D.3.3-1）是一种兼性营养的藻类，既能通过光合作用进行自养，也能通过捕食细菌进行异养，因此锥囊藻能够适应贫营养的条件成为优势藻种。锥囊藻在低温冰封期也会大量生长，Watson 等报道加拿大格伦莫尔湖在 1999—2000 年冰封期严重的鱼腥味问题主要是由于锥囊藻释放的 2,4-庚二烯醛（2,4-heptadienal）、2,4-癸二烯醛（2,4-decadienal）和 2,4,7-癸三烯醛（2,4,7-decatrienal）引起的。我国呼和浩特金海调蓄水库冬季冰封期也曾出现因为锥囊藻大量生长引起的鱼腥味问题。文献记录的可以产生鱼腥味的锥囊藻有两种，分别为 *Dinobryon cylindricum* 和 *Dinobryon divergens*，产生的嗅味物质主要为 2,4,7-癸三烯醛（2,4,7-decatrienal），并且在生长期内大部分嗅味物质是留在细胞内的。

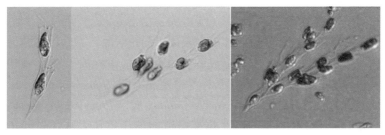

图 D.3.3-1 锥囊藻形态特征
（图片来源：2016—2017 年呼和浩特金海调蓄水库）

黄群藻（*Synura* 图 D.3.3-2），大量生长可引起水华，且常发生于晚秋和初冬比较寒冷的月份，较常见的为 *Synura petersenii* 和 *Synura uvella* 两种藻。黄群藻可产生强烈的嗅味，每毫升水中含有 5～10 个藻细胞聚集体就能够产生可以感知的嗅味，以黄瓜味和鱼腥味为主，引起嗅味的物质主要为 2,6-壬二烯醛（2,6-nonadienal）、2,4-庚二烯醛（2,4-heptadienal）、2,4-癸二烯醛（2,4-decadienal）和 2,4,7-癸三烯醛（2,4,7-decatrienal），其中，2,6-壬二烯醛（2,6-nonadienal）为 *Synura petersenii* 的特征产物。*Synura petersenii* 在初始培养阶段显示的是"甜瓜味-黄瓜味"（2,6-壬二烯醛），但后期以"鱼腥味"（2,4,7-癸三烯醛）为主。

图 D.3.3-2　黄群藻形态特征

（图片来源：2016—2017 年呼和浩特金海调蓄水库）

除锥囊藻和黄群藻外，也有其他类金藻被报道可以产生鱼腥味，如对日本琵琶湖的多次调查发现，湖水中的鱼臭味可能是由辐尾藻（*Uroglena americana*，图 D.3.3-3）代谢产生的 2,4-庚二烯醛（2,4-heptadienal）、2,4-癸二烯醛（2,4-decadienal）引起的。有研究显示棕鞭藻（*Ochromonas danica*，图 D.3.3-4）可以产生乙醇胺和三甲胺，引发水体中的鱼腥味，一些棕鞭藻类还可以在雪融地区生存，形成黄色的泥浆雪，并在干后产生强烈的鱼腥味。此外，金藻门中的鱼鳞藻属（*Mallomonas papillosa*，图 D.3.3-5）和 *Poterioochromonas* 属（*Poterioochromonas malhamensis*，图 D.3.3-6）也被报道能够产生鱼腥味，引起鱼腥味的物质主要为 2,4-癸二烯醛（2,4-decadienal）和 2,4,7-癸三烯醛（2,4,7-decatrienal）。

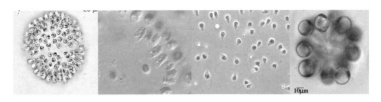

图 D. 3.3-3　辐尾藻形态特征（图片来源：algaebase 网站）

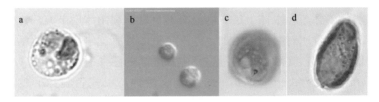

图 D. 3.3-4　棕鞭藻形态特征

（图片来源：a. 2017 年呼和浩特金海调蓄水库；

b. CCAP 网站；c、d. algaebase 网站）

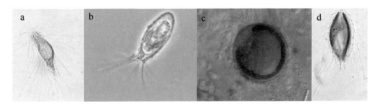

图 D. 3.3-5　鱼鳞藻形态特征

（图片来源：a. 2016 年南水北调河北段；b～d. algaebase 网站）

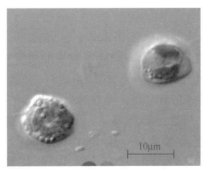

图 D. 3.3-6　*Poterioochromonas* 形态特征（图片来源：CCAP 网站）

2 隐藻门

隐藻也是一种兼性营养的藻类,但以光合自养为主,吞噬营养为辅,可以产生鱼腥味的主要是隐藻属(*Cryptomonas* 图 D.3.3-7)。虽然隐藻以光合自养为主,但在冰封期的低光照水体中仍能大量繁殖,如在对欧洲冬季藻类生长调查中发现,冰雪覆盖期藻类生长以隐藻与冠盘藻为主。由于隐藻具有鞭毛,能够游动,多分布在水体上层,因此能够更好地利用冰层下方的光照资源,随着冰封时间的增加,隐藻会更加具有竞争优势,逐渐成为优势藻种。文献记录的可以产生鱼腥味的隐藻有 *Cryptomonas ovata* 和 *Cryptomonas rostratiformis* 两种,引发鱼腥味的物质可能为戊醛(pentanal)、庚醛(heptanal)和 2,4-癸二烯醛(2,4-decadienal)。

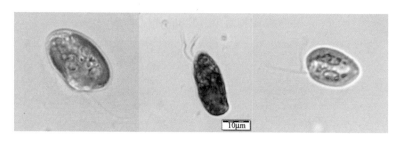

图 D.3.3-7　隐藻形态特征
(图片来源:2016—2017 年呼和浩特金海调蓄水库)

3 硅藻门

硅藻能够适应低温低光照条件,从而在春、秋季节大量生长,如 1983 年密歇根湖春、秋雨季发生的鱼腥味事件主要是由硅藻门的针杆藻(*Synedra*,图 D.3.3-8)引起的。我国银川、呼和浩特、郑州、东营、济南等地的引黄水库在冬季低温期产生的鱼腥味问题,可能与针杆藻属、星杆藻属(*Asterionella*,图 D.3.3-9)、直链藻属(*Melosira*,图 D.3.3-10)和小环藻属(*Cyclotella*,图 D.3.3-11)有关。直链藻属和脆杆藻属(*Fragilaria*)产生的鱼腥味物质主要为 2,4,7-癸二烯醛

（2,4,7-decatrienal）、2,4-庚二烯醛（2,4-heptadienal）、2,4-辛二烯醛（2,4-octadienal）等。

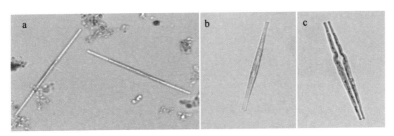

图 D.3.3-8　针杆藻形态特征

（图片来源：a、b. 2016—2017 年呼和浩特金海调蓄水库；

c. 2017 年银川水洞沟水库）

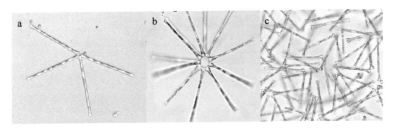

图 D.3.3-9　星杆藻形态特征

（图片来源：a. 2016 年呼和浩特金海调蓄水库；

b、c. algaebase 网站）

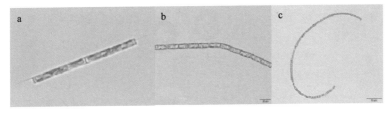

图 D.3.3-10　直链藻形态特征

（图片来源：a、b. 2017 年呼和浩特金海调蓄水库；

c. 2017 年银川水洞沟水库）

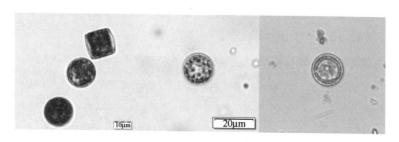

图 D.3.3-11　小环藻形态特征
（图片来源：2016—2017 年呼和浩特金海调蓄水库）

附录 E　感官气相色谱与全二维气相色谱联用用于嗅味物质的识别(资料性)

基于正构烷烃计算保留指数的方式联用感官气相色谱和全二维气相色谱用于嗅味物质的识别。利用感官气相色谱（Sensory GC，SGC）得到嗅味峰，在全二维气相色谱飞行时间质谱（GC×GC/TOFMS）上得到色谱峰和质谱峰，进行全二维色谱分析时，一个单一的一维色谱峰可经过第二维色谱的再次分离，使得在一维上有重叠的组分，由于官能团极性大小不同而在二维上进一步分离。

E.1　预　处　理

水样浓缩预处理采用液液萃取法。具体步骤如下：水样经过 $1.2\mu m$ 的玻璃纤维膜（GF-C）过滤后，取 500mL 于液液萃取瓶中，加入 50mL 二氯甲烷与 15g 氯化钠，振荡 10min，分液；再加入 25mL 二氯甲烷萃取一次。往萃取液中加入过量的无水硫酸钠进行脱水处理，然后转移至平底烧瓶中，在 30℃、50kPa（500mbar）负压条件下旋蒸至 2mL 左右，最后氮吹定容至 $100\mu L$，总浓缩倍数为 5000 倍，分析前样品置于 −20℃ 冰箱中保存。上机分析时加入 $1\mu L$ 100mg/L 的正构烷烃（C7～C30）溶液，振荡，混匀。

E.2　SGC 分析

感官气相色谱，即在气相色谱（HP 6980GC)-质谱（HP 5973mS）仪（Agilent，USA）上连接一个嗅味检测器（ODP，Gerstel，Germany），用于水样中关键致嗅物质筛查。色谱柱为 Rxi-5silv 毛细管柱。进样体积为 $1\mu L$，采用不分流模式，进样口温度为 250℃。载气为高纯氦气,流速为 1.0mL/min。样品气化后经过色谱柱,以 1:2 的比例进入质谱检测器和嗅味检测器。色谱柱升温程序为:40℃保持 0.2min,然后以 4℃/min 升温至 280℃,最后在 280℃条件下保持 5min。质谱检测器为全扫描模式($m/z=50\sim500$),数据采集速率为 100spectra/s。感官气相色谱分析溶剂延迟时间为 4.5min。闻测者对嗅味峰的保留时间、嗅味类型、嗅味强度进行记录。嗅味强度用 0~4 表示:0 表示没有异嗅味,1 表示弱强度异嗅味,2 表示中强度异嗅味,3 表示中到重度异嗅味,4 表示重度异嗅味。

E.3 GC×GC/TOFMS 分析

嗅味物质定性识别采用全二维气相色谱飞行时间质谱。将 1μL 经液液萃取之后的浓缩液注入全二维气相色谱飞行时间质谱中,采用不分流模式,进样口温度为 250℃,载气为高纯氦气,流速为 1.0mL/min,样品气化后经过色谱柱。一维色谱柱升温程序为:40℃保持 0.2min,然后以 4℃/min 升温至 280℃,最后在 280℃条件下保持 5min。二维色谱柱升温程序为:45℃保持 0.2min,然后以 5℃/min 升温至 285℃,最后在 285℃条件下保持 5min。质谱检测器为全扫描模式($m/z=50\sim500$),数据采集速率为 100spectra/s。

E.4 物质识别

针对感官气相色谱的嗅味识别结果进行潜在嗅味物质的谱库检索,结合 NIST11 谱库和文献报道的嗅味物质,根据样品中物质峰和谱库中标准物质谱图的匹配度可能性进行致嗅化合物的识别。采用正构烷烃(C7~C30)计算保留指数标记嗅味峰和色谱峰的方法,对感官气相色谱识别出的嗅味峰在全二维气相色谱飞行时间质谱中进一步解析,识别嗅味物质。

感官气相色谱与全二维气相色谱飞行时间质谱通过正构烷烃的保留时间计算物质的保留指数(Retention Indices,RI)。

$$RI = \left(n + \frac{Rt(x) - Rt(n)}{Rt(n+1) - Rt(n)}\right) \times 100 \qquad \text{(E. 4)}$$

式中　RI——保留指数；

$Rt(x)$——任一物质（x）的保留时间，min；

　　n——正构烷烃中的 C 原子数；

$Rt(n)$——任一物质（x）前相邻的正构烷烃 C(n）的保留时间，min；

$Rt(n+1)$——任一物质（x）后相邻的正构烷烃 C($n+1$）的保留时间，min。

具体可分为三个步骤：首先，根据全二维气相色谱中相似度不小于 700 的原则对嗅味峰内的化合物进行筛查；然后，针对筛查出的物质按照有无嗅味和嗅味类型是否与嗅味峰类型一致的原则进一步缩小潜在嗅味物质的范围；最后，对于得到的疑似致嗅物质，购买相关嗅味标准样品，通过对比嗅味峰与嗅味物质嗅味类型的一致性、保留时间（保留指数）的一致性及质谱图的一致性进一步确认。

由于水源水的复杂性和嗅味物质的痕量性，仪器软件自带的自动解卷积和自动识别、匹配的化合物可能会有偏差，某些化合物需要进行人工确认。有时在嗅味峰范围内没有嗅味物质或嗅味物质较少，需要对嗅味峰范围内相似度小于 700 的"unknown"部分化合物进行识别、确认。

附录F 粉末活性炭（PAC）投加量及预氧化剂投加量参考表（资料性）

PAC 用于不同嗅味物质去除的投加量参考　　　　表 F.1

嗅味类型	嗅味物质	英文名称	初始浓度（μg/L）	PAC 投加量建议[①]（mg/L）	备注
土霉味	2-甲基异莰醇	2-methylisoborneol	0.04～0.2	15～30	
	土臭素	geosmin	0.01～0.2	10～30	
	2,4,6-三氯苯甲醚	2,4,6-trichloroanisol	0.05～0.1	5～10	
	2-甲氧基-3-异丙基吡嗪	2-isopropyl-3-methoxy pyrazine	0.04～0.2	10～30	
鱼腥味	反，反-2,4-癸二烯醛	trans,trans-2,4-decadienal	0.2～15	3～5	
	β-环柠檬醛	β-cyclocitral	50～100	10～20	
	反-2-辛烯醛	trans-2-octenal	80～150	10～20	
	反，反-2,4-辛二烯醛	trans,trans-2,4-octadienal	100～500	50～80	
	2,4-庚二烯醛	2,4-heptadienal	50～125	30～60	
化学品味	双（2-氯-甲基乙基）醚	bis（2-chloro-1-methylethyl）ether	0.1～0.85	10～20	
	3-甲基吲哚	3-metlylindole	10～50	3～5	
	间二甲苯	m-xylene	1200	70～100	

① 处理到嗅阈浓度以下所需的 PAC 投加量建议，采用碘值为 1000 的煤制粉末活性炭的实验结果，吸附反应时间为 1～3h。

不同预氧化剂用于硫醚类嗅味物质去除的投加量参考（mg/L）　表 F.2

嗅味类型	嗅味物质	预氧化剂			
		$KMnO_4$	NaClO	ClO_2	O_3
腐败味	二乙基二硫醚	0.2～1.0	＞0.2	0.2～1.0	0.2～0.5
	二甲基二硫醚	0.2～1.0	＞0.2	0.2～1.0	0.2～0.5
	丙基硫醚	0.2～1.0	＞0.2	0.2～1.0	0.2～0.5
	戊基硫醚	0.2～1.0	＞0.2	0.2～1.0	0.2～0.5

注：适用于嗅阈浓度 20 倍以下，表中数值为去除 90％以上所需的最小氧化剂投加量。

附录 G 饮用水典型嗅味问题应对案例(资料性)

G.1 北京市饮用水嗅味突发事件应对

北京某自来水水源之一 M 水库,自 2002 年以来存在较强的季节性(夏、秋两季)土霉味问题,引起居民对水质的集中投诉。该水厂已采用颗粒活性炭(GAC)吸附技术,同时嗅味较强时期在取水口处投加高锰酸钾做预氧化处理,但受原水水质(产嗅浮丝藻大量繁殖)、活性炭种类以及工艺操作条件等多方面影响,当原水中 2-甲基异莰醇浓度超过 40ng/L 时,该水厂原有的 GAC 工艺已经不能满足嗅味控制要求,水厂出厂水中会出现残余嗅味的问题。

针对 M 水库和北京某水厂的嗅味问题,基于水库原水、水厂各工艺段典型嗅味物质长期跟踪评价、调研和对水厂现有工艺系统研究的基础上,采用了投加粉末活性炭(PAC)进行应急处理以及水位调控方法控制水库产嗅藻。

控制效果:当 2-甲基异莰醇浓度范围在 10~162ng/L,投加 PAC 约 12mg/L 时,发现约 85% 的 2-甲基异莰醇在进入水厂工艺之前已被去除,出厂水中 2-甲基异莰醇浓度已经降至 10ng/L(嗅阈值)以下。

通过模拟研究和现场验证,在高风险季节(秋季)将 M 水库水位维持在 146.3m 以上可有效抑制水库中产嗅藻的生长,进而控制水源嗅味问题。2017 年以来,M 水库在南水北调中线来水补充下水位得到显著提升,目前已长期维持在安全水位以上。实际监测数据显示,产嗅浮丝藻密度非常低,2-甲基异莰醇浓度维持在嗅阈值以下。

G.2　上海市饮用水复杂嗅味控制

上海市松江区某水厂，处理规模 16 万 m³/d。该水厂原水存在季节性土霉味和长期化学品味/沼泽味共存的复杂嗅味问题，原水氨氮、有机物含量较高，出厂水存在耗氧量等有机物含量超标风险。

针对上述嗅味问题，对水厂增设预臭氧工艺，形成以臭氧-生物活性炭为核心的深度处理工艺，工艺流程见图 G.2。

水厂采用预臭氧(0.5～1.0mg/L)与主臭氧(0.5～1.0mg/L)同时投加的方式运行。生物活性炭滤池设计规模 16 万 m³/d，设计滤速 10.0m/h，共 6 格，单排布置。单格滤池面积为 116m²，滤料采用单层颗粒活性炭，炭层厚度 2m，空床停留时间 12min，砂垫层厚度 0.25m，滤池采用气水分别单独反冲洗，单气冲强度 55m³/(h·m²)。

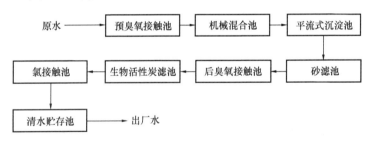

图 G.2　上海市松江区某水厂工艺流程图

运行效果：在原水土霉味、化学品味/沼泽味 FPA 强度不高于 8 级的条件下，出厂水嗅味可降到 2 级以下，实现稳定达标；2-甲基异莰醇(5～60ng/L)、土臭素(0～5ng/L)、二甲基二硫醚(5～10ng/L)、双-(2-氯-1-甲基乙基)醚(20～600ng/L)、乙苯(0～60ng/L)、三甲基苯酚(10～150ng/L)等嗅味物质可以实现有效去除。制水成本增幅合计为 0.15 元/m³。

注意事项：对于以深度处理工艺为主的水厂，需要结合水源水质和水厂实际工艺情况，及时调整臭氧投加量、活性炭滤池运行参数等，从整体上保障土霉味、化学品味、沼泽味/腐败味等复杂嗅味问题的控制。另外，需要考虑氧化过程中产生的副产物，例如原水中的溴离子会在氧化过程中生产溴酸盐。

G.3 深圳市饮用水季节性土霉味控制

深圳市宝安区某水厂，处理规模 35 万 m^3/d。该水厂水库原水存在季节性土霉味问题，同时水厂常规处理工艺对嗅味基本无去除效果，既有水厂无预处理工艺。

对既有水厂工艺进行了改造，改造后的工艺流程见图 G.3。根据原水水质情况，一体化粉末活性炭投加系统同时考虑石灰和粉末活性炭的投加，以实现原水的 pH 稳定和粉末活性炭对嗅味物质的高效吸附去除。其中，粉末活性炭设计投加量为 10～50mg/L，配药浓度为 10%，在原水和总管设置投加点；石灰设计投加量为 1.5～15mg/L，配药浓度为 5%，总管和分管设置投加点。

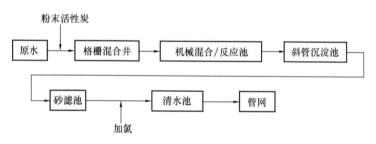

图 G.3 深圳市宝安区某水厂工艺流程图

运行效果：原水中 2-甲基异莰醇浓度为 43～71ng/L，土臭素浓度为 5～16ng/L，期间 PAC 投加量为 15～20mg/L，经上述工艺处理后可以保障出厂水水质达标，出厂水和管网水中 2-甲基异莰醇和土臭素浓度均小于 5ng/L。

注意事项：对于以常规处理工艺为主的水厂，采用增加粉末活性炭吸附为核心的预处理工艺去除土霉味，但需要结合水源水质和水厂实际工艺情况，利用粉末活性炭吸附去除胞外的嗅味物质，并结合相关技术手段强化去除藻细胞，避免产嗅藻细胞穿透滤池，同时强化沉淀及过滤，尤其是反冲系统的运行，从整体上保障此类藻源嗅味问题的控制。另外，PAC的选择应以微孔孔容作为主要参考指标，综合考虑经济因素，选择微孔孔容较高的PAC(建议选择微孔孔容高于 $0.2cm^3/g$ 的粉末活性炭)。